送给孩子的天文地理百科全书

地理部 1

（明）张 岱 著
谭伟弘 编著
张 琦 绘

航空工业出版社
北京

内 容 提 要

学识就是硬通货，青少年上知天文下知地理才称得上是博学少年。本套书从天文、地理两个方向出发，为青少年读者科普中国古代天文地理知识，让他们了解灿烂的中华文化，培养科学探索精神，提升人文素养。

图书在版编目(CIP)数据

夜航船 : 送给孩子的天文地理百科全书 . 地理部 . 1/（明）张岱著 ; 谭伟弘编著 ; 张琦绘 . -- 北京 : 航空工业出版社 , 2023.12
ISBN 978-7-5165-3527-1

Ⅰ . ①夜… Ⅱ . ①张… ②谭… ③张… Ⅲ . ①地理学史-中国-古代-青少年读物 Ⅳ . ① P1-092 ② K90-092

中国国家版本馆 CIP 数据核字（2023）第 197433 号

夜航船：送给孩子的天文地理百科全书・地理部 1
Yehangchuan：Songgei Haizi de Tianwen Dili Baikequanshu · Dilibu 1

航空工业出版社出版发行
（北京市朝阳区京顺路 5 号曙光大厦 C 座四层　100028）
发行部电话：010-85672688　010-85672689

三河市双升印务有限公司印刷　　全国各地新华书店经售
2023 年 12 月第 1 版　　2023 年 12 月第 1 次印刷
开本：710×1000　1/16　　字数：56 千字
印张：5　　定价：158.00 元（全 4 册）

目 录

01 疆　域……………………………………………… 1

02 古　都……………………………………………… 17

03 山……………………………………………… 31

04 水……………………………………………… 59

01

疆 域

疆域是以国家为单位的势力范围。人类社会，从群落发展到城邦，社会规模发生了一定的改变。最初，族群在一个地方定居下来，划定自己的势力范围。而后，在各族群相互征伐、相互兼并的过程中，有的族群规模越来越大，有的族群迁移到远方或者彻底消失。相传三皇五帝时期，九州划定，国家疆域的概念开始形成。

九州

相传，远古时代有三皇五帝。三皇的说法并不统一，其中一种说法认为，三皇分别指天皇、地皇、人皇。相传，人皇氏兄弟九人，将天下划分为九州，九个人分别掌管梁州、兖州、青州、徐州、荆州、雍州、冀州、豫州、扬州。

到了舜帝时期，因为冀州和青州的面积过大，于是又多划分出三个州，冀州东部的恒山之地划分出来，成为并州；冀州东北的医巫闾山[1]之地被划分出来，成为幽州；青州的东北部被划分出来，成为登州。从此，天下从九州变成十二州。

九州只是古代划分天下的一种方式，这种划分方式在各个时代都有可能不同。比如商朝、周朝又把天下划分为九州；秦朝把天下划分为三十六郡，在全国推行郡县制；汉朝把分天下划分为十三个部；三国时期的刘汉政权统治着巴、蜀两地；孙吴政权统治着五个州，曹魏政权则占据中原地区，设置了十二个州；晋代把天下划分为十九个州；唐代把天下划分为十道[2]，唐玄宗又将其分为十五道；宋代把天下划分为二十三路[3]；元代先是把天下划分为十二个省级政区，之后又将其划分为二十三道；明代把天下

---

❶ 医巫闾山：简称“闾山”。在辽宁省西部、大凌河以东，东北—西南走向，海拔866.6米。

❷ 道：古、旧行政区划名。

❸ 路：宋、金、元地方区划名。

划分为两个直隶、十三个省。

九州的划分，是古代统治集团化、规模化的显著标志，是我国民族文化发展的前提。比如，公元前3300年—前2000年的杭州余杭区新石器时期的良渚文化，考古学家在良渚文化区地层中发现了造型规整、表面光亮的黑漆陶器，这些陶器大多是用来盛水、装食物的日常器具或礼器，圈足上通常还有镂孔，并饰有匀称的弦纹。通过考古发现，当时不仅有相对发达的稻作农业，而且玉器文化也发展到了史前时期的顶峰。

吴越疆界

吴越国以苏州平望为界，占据浙江和福建，共有十四个州。钱镠是五代十国时期吴越国的建立者。他是一个传奇人物，出生于杭州临安，字具美，生于公元852年，卒于公元932年。钱镠有武艺，稍通书，成年后是私盐贩子，之后投军，立了大功，唐昭宗钦赐“金书铁券”，可以免本人九次死罪、免子孙后代三次死罪，俗称免死金牌。这块免死金牌也叫钱镠铁券，目前收藏在中国国家博物馆。

公元893年，钱镠奉命做了唐镇海节度使。公元907年被封为吴越王，公元923年，正式建立吴越国。钱镠在位的时候，厉行节俭，赏罚分明，劝课农桑，招徕商旅，修建了水利工程江海塘，还在太湖流域大规模建造控制水流的水利工程，使当地免遭旱涝灾害，发展了吴越地区的经济、文化。公元978年，吴越国降于北宋，历三代五王，享国72年。

钱镠不仅人生颇具传奇，还是一个浪漫的人。他和妻子庄穆夫人吴氏感情非常要好，吴氏是临安人，每年春天都要回娘家小住。有一年春天，吴氏回家之后迟迟未归，钱镠走出房门，发现路旁的花儿都开了，提笔写下："陌上花开，可缓缓归矣。"意思是田野里的花都开了，你可以慢慢回来了。钱镠虽然是这样说，但当时心里可能想的是"花都开了，你怎么还不回来啊？快回来吧！"想必吴氏看到这两句话，应该能感受到丈夫的盼归之情吧。

二周

周朝分为西周和东周两个时期，这是根据它们都城所在的方位命名的：西周的都城是镐京（今西安市长安区西北），在西边；东周的都城是洛邑

（即洛阳），在东边。

商朝末年，商纣王无道，致使民不聊生，周武王姬发举起大旗，讨伐商纣王，之后商朝灭亡。公元前1046年，周武王建立周朝，定都镐京，这就是西周。西周实行分封制，国家的土地被分封给各诸侯国，由诸侯负责管辖。诸侯与周天子是君臣关系，诸侯维护周朝的统治，服从周天子的管理，听从周天子的调配，周天子是最高的统治者。西周末年的周幽王为博美人褒姒一笑烽火戏诸侯，在没有战事和危险的情况下，周幽王命人点燃了传递军情用的烽火台，诸侯看到烽火台燃起烽烟，以为有外敌入侵，纷纷带着兵马急匆匆前来救援。但赶到周王畿之后，才发现周幽王点燃烽火台只是为了让美人褒姒看到他们忙乱的样子，于是气愤地返回封地。三番五次之后，即便真的有敌军入侵，烽火台上烽烟四起，各诸侯也不再相信周幽王，没有带兵前去救援。公元前771年，犬戎入侵，没有救兵的周幽王被杀，西周灭亡。

周幽王去世之后，在诸侯的拥戴下，原本被废了的太子宜臼成为周平王。为了避开犬戎的袭扰，周平王将都城迁到东边的洛邑，史称东周。东周时期，各诸侯国逐渐强大起来，周天子已经没有能力牵制他们了。诸侯为了争夺地盘，相互征伐，形成了群雄并起的局面，这样东周又被分为春秋、战国两个时期。公元前256年，东周被秦国所灭，秦国成为最大的赢家，并于公元前221年统一了中国，建立了我国第一个统一的封建王朝。

两都

秦朝灭亡之后，刘邦建立汉朝。汉代分为西汉和东汉两个时期，西汉建都长安（今陕西西安），史称西都，东汉建都洛阳，史称东都。

秦朝末年，刘邦曾担任泗水亭亭长，公元前209年（秦二世元年），陈胜联合吴广揭竿起义，引发了农民起义的洪潮。刘邦私自放走了服苦役的罪犯，他想左右都是死，不如死得其所，做点有意义的事情，于是刘邦带领众人响应陈胜的起义，揭竿而起。全国各地响应起义的队伍很多，他们在反抗秦王朝统治的同时，也在相互争夺。刘邦以沛公自居，带领的队伍越来越大，打到最后与西楚霸王项羽对上了。

刘邦和项羽都比较有实力，如果天下还没有打下来就相互争斗，会两败俱伤，于是他们约定谁先入关中谁就做王。结果刘邦先入关中，但他那时候的实力不如项羽，于是尊项羽为王，项羽很高兴，就封刘邦为汉王，将巴蜀、汉中这一带封给了刘邦。刘邦一边与项羽周旋，一边暗中积蓄力量，最终在长达五年的楚汉战争中，打得项羽退无可退，于乌江自刎。刘邦于公元前202年称帝，定都长安。

因为长期争战，民生凋敝，所以西汉早期的领导者，都尽可能采用休养生息的政策，对外采用和亲的政策巩固民族关系，避免再次发生战乱；对内发展农业经济，让人民安居乐业。同时，采用“罢黜百家，独尊儒术”的文化政策，促进国家文化和经济繁荣。西汉末年，以皇后为代表的外戚势力把控朝政，皇帝形同摆设，做不了国家的主。后来，外戚王莽更是推翻了汉家江山，建立起新朝。不过，西汉毕竟享国210年，统治西汉的刘家仍旧有大批的拥护者，加上王莽并没有一套让人信服的治国之策，各地势力便纷纷以刘家宗族血脉的名义起兵，讨伐王莽政权。在这个过程中，许多真真假假的刘家宗族血脉不断被扶上帝位，之后又不断被推翻，天下一时间乱作一团。

直到西汉皇室的远支皇族刘秀，利用起义军，联合豪强势力，推翻王莽政权。公元25年，刘秀登基称帝，定都洛阳，刘秀史称光武帝。他建立的王朝被后世称为东汉，亦称后汉。东汉建立之后，吸取西汉灭亡的教训，尽可能压制外戚的势力，免得重蹈覆辙。虽然东汉的统治者不重用外戚，但却重用宦官。他们以为宦官无儿无女，就不会像外戚那样有盘根错节的利益纠葛。然而，东汉末年，外戚和宦官交替专权，文人学士因为反对宦官专权，几乎被赶尽杀绝。在权力争夺的过程中，惨案一桩接一桩，动辄血流成河。到曹操掌握大权的时候，刘家的汉王朝已经名存实亡了。

公元220年，曹操的儿子曹丕取代东汉，登基称帝，建立曹魏政权。东汉至此灭亡，共历195年、十四帝。

三晋

春秋时期，晋文公重耳建立三军六卿的军政制度，把晋国打造成了当时的超级大国，称霸诸侯。一家独大之后的晋国发展出六大家族，这六大家族分别是魏家、韩家、赵家、智家、中行家、范家。六大家族相互争斗，最后只剩下彼此实力相当的韩、赵、魏三家，这三家就把晋国给瓜分了。这就是著名的三家分晋。

韩、赵、魏三家瓜分晋国之后，赵国建都晋阳（今山西太原市），魏国建都安邑（今山西省运城市）、韩国建都阳翟（今河南省禹州市），各自成了战国初期独立的诸侯国。就像把魏、蜀、吴统称为“三国”一样，人们把韩、赵、魏统称为“三晋”。因为怀念晋国的统治，人们还将其占了大部分统治区域的山西也称作“三晋”。

三晋有深厚的历史文化，其中的突出代表是“介休文化”。介休位于山西，这里人杰地灵，出过许多历史名人，有“三贤故里”的美称。这里的“三贤”，就是品行高洁的介子推、郭泰、文彦博。介子推有恩于重耳，重耳

做了晋侯之后要封赏他，但他不愿意做官，与母亲一起被烧死在山上；郭泰是东汉时期的人，他品行端正，尊奉仁义道德，被誉为“有道先生”，但他一生不谋官禄，只以教书为生；文彦博是北宋著名的政治家、书法家，他官至宰相，沉稳果断、为官清正，为国家的政治发展做出了杰出的贡献，谥[1]忠烈。文彦博祖先本姓敬，为避后晋高祖石敬瑭和宋翼祖赵敬的讳改姓文。三贤虽已不在，但他们的故事却在三晋大地一直流传。

三秦

公元前207年，项羽在巨鹿之战中消灭秦军主力。公元前206年，项羽带兵攻入咸阳，杀了秦王子婴，并放火烧了咸阳城，自立为“西楚霸王”，以最高统治者自居。

项羽将陕西的关中和陕北一分为三，分别封赏给了秦朝的降将章邯、司马欣、董翳，让他们做了王。章邯，受封为雍王，管理咸阳以西的地区，建都废丘（今陕西兴平东南），在楚汉战争中被刘邦围攻于废丘，兵败自杀；司马欣，受封为塞王，管理咸阳以东的地区，建都栎阳（今西安阎良附近），后来在成皋被汉军击败，与曹咎[2]一起自刎于汜水之上；董翳，受封为翟王，管理陕北地区，建都高奴（今延安），最后投降刘邦。也许因为他们都曾是秦朝的大臣，人们也把章邯、司马欣、董翳三个人合称“三秦”。

送杜少府之任蜀州

王勃

城阙辅三秦，风烟望五津。
与君离别意，同是宦游人。
海内存知己，天涯若比邻。
无为在歧路，儿女共沾巾。

[1] 谥：古代皇帝、贵族、大臣、杰出官员或其他有地位的人死后评的称号。
[2] 曹咎：项羽麾下将领，官拜大司马，封爵海春侯。

三秦除了指人之外，还指陕北、关中、陕南三个区域。春秋战国时期，这三个地区是秦国的领地，刘邦和项羽争战的故事也从这里展开，文人墨客常借“三秦”抒怀。比如，唐代诗人王勃在送别好友杜少府时，就写了传颂千古的佳作《送杜少府之任蜀州》。王勃向好友道别：“如今我要在关中遥望远在四川的你，咱们都是离家做官的人，现在要分别了，非常不舍啊。这茫茫四海之内，如果有一个知心人即使远在天边也像近在眼前一样，在岔路分别之时，不用儿女情长，流泪惜别。”

五服、九服

五服或九服，在古代是用来表示范围的。它以天子所在地为中心，向外画一个框，规定为多少服来进行区域划分，属于一种区域划分方式。

大禹治水成功，获得统治地位之后，他以自己的都城为中心，向外每

五百里画一个框，作为一服，一共画了五个框，分别命名为甸服、侯服、绥服、要服、荒服。

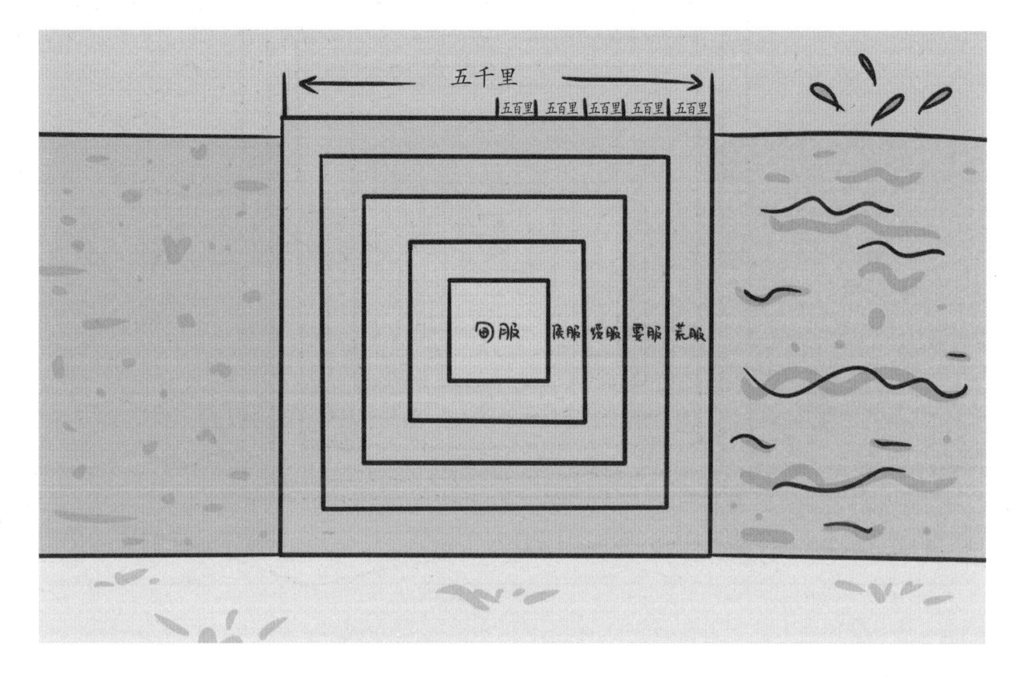

大禹之前，古代社会的最高统治者实行禅让制，一个君王在位的时候会考察谁有才能，在自己退位之后就把首领的位置让给谁。但大禹时代，夏朝建立，统治者的权力更加集中，社会团体更加紧密，力量也更加强大，地盘也在这个过程中不断扩充。这时，五服已经容不下全部的疆域了，于是继续向外每五百里画一个框，一直画到了九服。根据记载，周朝有九服，分别是侯服、甸服、男服、采服、卫服、蛮服、夷服、镇服、藩服。

五服，包含了帝王所处的中心区域。而九服则把帝王所处的中心区域画作王畿，王畿之外逐级排布九服，其实加起来是十个区域。说明从五服到九服，是帝王的统治地位被单独拿出来强调的过程，也是帝王统治地位被加强的过程。五服或九服，它们的划分都是围绕统治的核心区域展开的，这种划分服务于最高统治者。

百二山河

秦朝末年，刘邦和项羽带着各自的队伍攻打秦军，只要打到秦朝的国都咸阳，就可以夺得江山，拥有秦国的领地。刘邦和项羽约定，谁先入关中，谁就称王。

关中是秦国的战略重地，易守难攻，派人守在那里，就有一夫当关万夫莫开的气势，撞破脑袋也很难打进去。在刘邦一筹莫展之时，他手下的谋士田肯也感叹说：“这秦国，地理位置非常优越，它凭借汹涌的黄河、险峻的高山来固守，其他国家很难攻打进去，两万人就可抵挡一百万人，要打下这‘百二山河’可不容易啊！”从此，百二山河被用来指地势险要、易守难攻的秦国领地。

六关

都说“过五关斩六将”，但你听说过“六关”吗？六关，是内（直隶）三关和外（山西）三关的总称。内（直隶）三关，指河北境内明长城上的居庸关、紫荆关、倒马关；外（山西）三关，指山西境内长城上的雁门关、宁武关、偏头关。

在古代，为了防止外族侵犯，人们就修筑长城来保护自己的国家。长城就像家里的院墙一样，把敌寇拒之门外。但是它比家里的院墙可长多了，万一敌人偷偷摸摸翻墙而入，家里不就进贼了吗？所以每隔一段距离，人们就在长城上修筑一个据点，只要派兵把守各个据点，一旦发现敌情，燃起烽烟相互通知，就可以相互支援及时打退敌人。这些据点就像一道一道的关卡，组合成国家抵御外敌入侵的一道防线，比如上面说的内（直隶）三关和外（山西）三关，都是易守难攻的重要据点。

居庸关，位于太行山脉与燕山山脉交会处，是连接山西北部、内蒙古、河北的重要通道，也是古代北方游牧民族进攻中原王朝的必经之路。居庸关地势险要，两侧多为上千米的高山，沟底最窄的地方仅容一辆车马通行，它是古代的防守要塞，历代都非常重视，常常派大军驻守。

紫荆关，位于河北易县西45千米的紫荆岭上，是河北平原进入太行山的要道之一。依山傍水，地处两山相夹的盆地内，四周是天然的防卫圈，是内长城的重要关隘之一。

倒马关，位于河北唐县西北60千米倒马关乡的倒马关村，所在关城依地势而建，路途险峻，连马走到这里都会摔倒，由此得名。倒马关，是古代山西高原北部通向华北平原的重要关隘，原来的关城用条石、自然石，加青砖筑成，全长约2.5千米，城池占地约7万平方米，南面依山，其他三面环水绕关而过。

雁门关，位于山西忻州代县以北约20千米处的雁门山中，自古便是兵家必争之地。从匈奴、鲜卑、突厥，到契丹、女真、蒙古等北方民族，都在雁门关与中原王朝拼杀，李广、卫青、霍去病都曾在这里经历死战。

宁武关，位于管涔山、云中山两山之间的巨大山口间，恢河穿流而过，具有北屏大同、南扼太原、西应偏关、东援雁门的战略地位，因此成为兵家必争之地。北方各部族要想南下，必须经过宁武关，宁武关就成了游牧民族和农耕民族的战场，直到清朝统一全国，长城失去抵御北方游牧民族的作用，宁武关才成了祥和之地。

偏头关，位于黄河入晋南的转弯处，地形“东仰西伏，似人首之偏隆”，因此命名。偏头关自古就是兵家争夺重地，在北宋时是与西夏交兵的国防前线。

秦三十六郡

郡县制是从春秋战国到秦代，逐渐发展形成的地方行政制度。春秋时期，秦、晋、楚等国在新扩张的土地上设置县，带有防御性质。之后，县制逐渐推行到内部领地，成为地方行政机关。春秋末年，各国又开始在边地设置郡，郡的面积比县更大一些，之后隐隐形成以郡统县的局面。

公元前221年，秦始皇统一六国，开创一代王朝，为了方便管理，他做了许多规范，比如统一文字、度量衡，甚至对车轨的宽窄等都进行了规范。在全国，秦始皇废除分封制，全面实行郡县制，把国家分为三十六个郡，每个郡设置一个郡守、一个郡丞、两个郡尉来治理。之后，又由三十六郡增加到四十多郡，郡下设县，郡、县长官仍旧由朝廷任免，以加强中央对地方的控制。

秦朝虽然没几年就灭亡了，但他推行的郡县制在后世得到了沿用，也许你们家乡的县名就是从古沿用至今的。

02

古 都

都城对每一个朝代都有非凡的意义，它通常是一个朝代政治、经济的中心。一个朝代的历史，往往围绕其都城展开。如今，它们很多都已经沉寂，但并没有被淹没在时间的长河之中。它们的故事，有的被记载在史书中，有的被口口相传下来。阅读这些古都的过去，就像翻开一本本书，许多王朝的兴衰、荡人心肠的故事，都还“封印”在这些城市当中。只有走近它们、触摸它们，才能领悟它们的沧桑变化。

洛阳

在洛阳建都的朝代有夏朝、商朝、周朝（西周和东周）、东汉、曹魏、西晋、北魏、隋朝、唐朝、后梁、后唐、后晋。洛阳为十三朝古都，有悠久的历史。

相传，大禹治理洪水之后，铸造了九个大鼎，这九鼎在商周时期成了传国的宝贝，想统治天下就要先拥有九鼎。周武王灭商后组织大批人马，

用几个月的时间去拉九鼎。九鼎被拉到洛阳的时候，就怎么也拉不动了。周武王感慨地说：“九鼎到洛阳就不继续往西走了。这洛阳是天下的中心，夏朝的国都也在洛阳，难道上天是想让我把国都迁到洛阳吗？”周武王没来得及举行九鼎安置在洛阳的仪式，就去世了。

后来周公旦辅助周武王的儿子周成王，将周朝治理得井井有条，还完成了“定鼎洛阳”的事宜。人们为了纪念周公旦，就在洛阳兴建了周公庙，庙里的大殿取名“定鼎堂”，庙前的道路取名定鼎路。西周走到尽头之后，周平王就把都城迁到了洛阳，开启了东周之路，继续周朝的发展。到现在，洛阳老城外的周公庙仍旧矗立着，供人游览凭吊。

三国时期，刘备建立蜀汉，定都成都。刘备去世之后，他的儿子刘禅继承了皇位。后来，蜀汉在刘禅的统治下到了灭亡的边缘，魏军攻入蜀汉地界，刘禅就投降了，被送到了魏国国都洛阳。而此时的曹魏政权被司马家实际掌控，司马昭封刘禅为安乐公，赐给他住宅、奴仆。刘禅为此特地去感谢

司马昭，司马昭就设宴款待他，还让人表演蜀地的乐曲。蜀汉的旧臣听了家乡的音乐，个个涌起国破家亡的伤怀之情，泪流满面。刘禅却仍旧笑嘻嘻的样子，司马昭就问刘禅："你想念蜀地吗？"刘禅说："我在这里很开心，并不思念蜀地。"跟随刘禅的大臣私下里就悄悄跟刘禅说："陛下，如果司马昭再问您，您就哭着回答说'我没有一天不想念蜀地'，这样司马昭也许就把您放回蜀地了。"刘禅听后记下了，等到司马昭又问的时候，刘禅就假哭，把大臣教他说的话说了一遍。司马昭看他"光打雷不下雨"，听着是在号哭，其实一滴眼泪都没有，从此就不再怀疑他有复国的心思了。就这样，刘禅在洛阳度过了余生，"乐不思蜀"也成为有名的历史典故。

洛阳不仅是十三朝的政治中心，还是历史上重要的文化中心。这里人才辈出，还流传着一个"洛阳纸贵"的故事。西晋时期，著名的文学家左思是洛阳的一个大才子。左思出身贫寒，他不看重名利，把时间和精力都放在学习和文学创作上，写出了许多流传千古的佳作。他写的《三都赋》受到各界追捧，人们争相传抄，一时之间，洛阳的纸都因此涨价了，由此诞生了"洛阳纸贵"的典故。

西安

西安，在古代也叫长安、镐京。在西安建都的朝代有西周、秦朝、西汉、新朝、东汉、西晋、前赵、前秦、后秦、西魏、北周、隋朝、唐朝，西安是十三朝古都。秦始皇的陵墓在西安市临潼区，皇陵内有著名的兵马俑。秦始皇希望自己去世之后仍能像活着时一样享受皇权，所以制作了大量的陶俑进行陪葬，这些陶俑数量庞大，栩栩如生，刚出土的时候还有鲜艳的色彩。

长安的贸易很发达，是古代丝绸之路的起点，也是古代丝绸之路的核心区域。陆上丝绸之路起源于西汉时期，朝廷派使者从长安出发去西域，

开通了从中原到中亚、西亚，再到地中海各国的陆上交通，各国商人通过这条路线进行贸易往来。因为丝绸是当时非常名贵的商品，所以这条商路就被人们称为“丝绸之路”。丝绸之路促进了亚欧大陆的商品交换、技术交流和族群融合，推动了华夏文明、印度文明、波斯文明、欧洲文明、草原游牧文明等众多文明的交融，历史意义非同一般。

唐代的都城也在长安，那时长安的经济贸易相当繁荣，许多外邦都来到这里学习、经商、传教。当时佛教盛行，但大家对一些佛教经典的解读却有争议。为了解决这个问题，玄奘决心到天竺学习。公元629年（唐贞观三年），玄奘经凉州（今甘肃武威），出玉门关，向西而行，到天竺求取真经。17年后，玄奘回到长安，并在著名的大慈恩寺[1]内翻译佛经、弘扬佛

[1] 大慈恩寺：建于公元648年（唐贞观二十二年），是唐代长安城内最宏丽的皇家寺院。

法，这个工作他一做就是11年。玄奘和弟子一起创立了唯识宗（又称“法相宗”“俱舍宗”“慈恩宗”），大慈恩寺也就成了唯识宗的祖庭。如今，佛教在我国已经本土化，融入了很多中华的思想文化，成为中华文化的一部分，影响着人们的思想和生活。

开封

开封，位于河南，古代又称“汴州”“汴梁”“东京”，夏朝和战国时期的魏国，五代十国时期的后梁、后晋、后汉、后周，以及北宋和金相继在这里定都，号称“八朝古都”。

战国时期，魏国迁都大梁（今河南开封）。有一天，魏惠王在视察的时候，看到庖丁在杀牛。庖丁在大梁非常有名，他解牛的时候，动作非常流畅，下刀的声音就像音乐一样有节奏，很轻松就能把一头牛的骨头和肉

块分割开来，刀法非常干净利索。魏惠王看完之后感到十分惊叹，就问庖丁："你的手艺为什么这么高超呢？"庖丁回答："这并不奇怪，因为我对牛的身体结构足够熟悉。我刚开始解牛的时候，眼睛里看到的是一整头牛。解牛三年之后，我眼睛里看到的就是牛的关节和筋骨了，该从哪里下刀也心中有数，自然不费力气。"

魏惠王听后觉得很是神奇，于是接着问道："你的刀一定经常磨吧？"庖丁笑了笑，说："一般人一个月换一把，因为刀刃常常会碰到骨头。厉害的人一年换一次刀，因为他们的刀只会割到肉。我的刀用19年了，解了几千头牛，还跟新的一样。因为刀刃非常薄，只要聚精会神，在骨缝之间走刀，肉自然就一块一块地落下来了。"魏惠王听了之后点点头，说："说得很好，我从中学到很多东西。"做事情，其实和庖丁解牛一样，找对方法，熟练之后就能事半功倍了。

邹阳是西汉时期著名的文学家，他最开始追随吴王刘濞，因劝阻刘濞不要反叛朝廷，刘濞不听，邹阳只好去做了梁王刘武的门客。有人嫉妒邹阳，在梁王面前说了很多他的坏话，梁王就让人把他抓起来，要杀掉他。邹阳不服气，于是给梁王写了一封信，说："听说世界上最宝贵的明珠，假如在黑夜中被投到路上，人们不但看不出它是宝贝，反而手按宝剑，警惕地盯着它。为什么呢？因为没有人把它放到敞亮的地方。用树根、弯木做的车子，就算本来不好，要是被显赫的人看上了，将它装饰一番，即使是枯木，人家也会看重它。这么看来，就算有尧、舜那样的本领，有伊尹、管仲那样的才能，有龙逢、比干那样的心肠，没有贵人引荐，也没法施展才能啊！"

梁王看完信后，很是感动，就让人把邹阳放了出来，诚心尊他为上宾。看来，明珠也要遇到懂得它的珍贵之处的人，才能绽放光芒。

南京

南京，在古代叫作金陵、建康、建业等。三国时期吴国定都于武昌（今湖北鄂州），为了进一步发展就把都城搬到了建业（今江苏南京），开启了南京成为都城的历史。三国时期的东吴，魏晋南北朝时期的东晋、宋、齐、梁、陈，朱元璋建立的明朝都曾在南京建都。

元朝末年，老百姓日子不好过，各地农民揭竿而起，想要推翻腐朽的元朝统治。在这些农民起义军中，最强大的要数红巾军。红巾军的势力分为南、北两部，南部的领袖是陈友谅，他实力强悍；北部的领袖是韩林儿，朱元璋后来成了南部红巾军的实际掌权者。起初，朱元璋只是郭子兴帐下的九夫长，受到郭子兴的信任之后，被提拔为千夫长。朱元璋献计帮助郭子兴打败两万元军之后，得到了提拔。郭子兴病死之后，朱元璋虽然只是左副元帅，但实际上已经成为这支军队的主帅了。之后，朱元璋采用“高筑墙，广积粮，缓称王”的战略，暗自积蓄力量，秘密扩张势力，将自己的军队发展壮大了起来。公元1364年，朱元璋即位为吴王，开始北伐，最后进攻大都，结束了元朝的统治。

元顺帝仓皇逃回蒙古草原。公元1368年，朱元璋在南京称帝立国，国号大明，年号洪武。后来，朱元璋的儿子朱棣迁都北京之后，南京仍旧以陪都的地位存在，仍称南京。

清朝接替明朝的统治地位之后，把都城定在了北京。公元1645年，清军攻陷南京，南京被改为江宁府。在鸦片战争中，清政府对外采取妥协投降的态度，对内加重对人民的压迫和剥削，社会矛盾激化，于是近代全国规模的农民起义——太平天国运动爆发。公元1853年（清咸丰三年）3月，太平军攻占南京，将南京改为天京，把它设立成太平天国的都城。从此，太平天国开始了南方18省、11年的统治历史。直到太平天国被清政府剿灭之后，才又被改回江宁府。

北京

北京，曾叫北平，后燕、辽、金、元、明、清都曾把国都设在这里。公元1368年（明洪武元年），取“北方和平”之意，改元大都为北平府。公元1421年（明永乐十九年），明成祖朱棣迁都北平，并把北平改为北京，与南京相对应。从此，北京就成为全国的政治、经济、军事、文化的中心，北方因为这座城市而热闹繁荣了起来。

著名的旅行家马可·波罗出身于威尼斯的一个富商家庭，他17岁的时候跟随父亲和叔叔，途经中东，历时四年多的时间终于在公元1275年（元至元十二年）到达上都，此后又辗转来到元大都（今北京）。

马可·波罗在中国游历了17年，去过许多地方，直到公元1292年（元至元二十九年）初，波斯（今伊朗）遣使节向元皇室求婚，马可·波罗奉命护送新妃去波斯，最后辗转回到家乡。

公元1298年（元大德二年），马可·波罗在威尼斯和热那亚的海战中被俘虏。马可·波罗被关押在热那亚监狱中的时候，口述自己游历东方各国的见闻，同在监狱中的作家鲁思梯谦将他口述的内容笔录成《马可·波罗游记》。

《马可·波罗游记》一经发表，就激起了欧洲人对东方的向往，对之后开辟新航路产生了巨大影响。西方地理学家还根据这本书的描述，绘制

了世界地图。公元1324年，马可·波罗在威尼斯去世，他在东方那段神奇的经历，成为中国与世界各国交往的一个缩影。从此，中国这个东方大国暴露在了西方世界的视线之中，一步一步向世界揭开了它神秘的面纱。

明朝时期，朱棣夺得皇位，为了巩固自己的帝位，他决定将都城从南京迁到北京。来到北京之后，朱棣下令修葺北京城，建造皇城和宫殿。相传，北京这片地域，原本是苦海幽州，这里有很多海眼，可以直接通到大海。已经退隐的国师刘伯温和宰相姚广孝负责皇城的修建，他们要想办法镇住这几个海眼。勘察地形之后，两人就打算把地形图画下来。可画的时候，两人都听到有人说“照我说的画”，抬头看了看，四下无人，只好聚精会神地继续描画。等两个人各自拿出绘制的图纸后，看到彼此的图都是一幅“八臂哪吒图”。

刘伯温和姚广孝一起商议之后，认为按照图纸，可以建造一座“八臂哪吒城”。正南中间的正阳门是哪吒的头，瓮城东西两扇门就是哪吒的两只耳朵，正阳门里的两眼井就是哪吒的两只眼睛；崇文门、东便门、朝阳门、东直门、宣武门、西便门、阜成门、西直门就是哪吒的八只胳膊；安定门、德胜门就是哪吒的两只脚；四方形的是皇城，就是哪吒的五脏，天安门是皇城的正门，是五脏的入口，从五脏口到正阳门中间长长的平道，就是哪吒的食道；五脏两边的两条大道就是哪吒的大肋骨，那些小胡同就大肋骨上的小肋骨。两个人将商议好的结果上报给皇帝，建造这样一座“八臂哪吒城”就可以镇住海眼，这个地方就能太平无事了。皇帝听后非常高兴，下令按照图纸开工建城，北京城就这样建成了。不过朱棣决定迁都北京时，刘伯温已经去世，他不可能参与北京都城的建设，八臂哪吒城虽然是一个民间传说，但应该也不是捏造的。

长知识了

1 **四九城：** 老北京城的代称。“四九”一般指的是皇城四个城门、内城九个城门。

2 **石头城：** 故址位于南京市清凉山，所以南京也被叫作石头城，本来是战国时期楚国的金陵邑，公元212年（东汉建安十七年）孙权重新筑城，才改名为石头城。石头城背山面江，是交通要冲，为军事重镇。

3 **海眼：** 类似泉眼，是海水的流出口，古人认为它连同地下暗流，可通江海，一旦海水翻涌，就容易造成水患。

夜航船驿站

哪吒闹海

相传，哪吒从小就喜欢习武。有一天，哪吒在海边嬉戏，正好碰到东海龙王的三太子出来祸害百姓。小哪吒见了，就挺身而出，打死了龙王三太子，还抽了它的龙筋。东海龙王得知这件事情之后，勃然大怒，于是兴风作浪，要用洪水淹没城池，为自己的儿子报仇。哪吒为了不连累父母，被逼无奈，自尽谢罪。好在太乙真人用莲花为哪吒重塑了身体，让他重生。古人把北京城建造成八臂哪吒城，可能就是取哪吒闹海的故事，希望用哪吒的力量来镇住海眼吧！

03 山

山的形成原因多种多样。有的是地质运动造成的，叫作“构造山”；有的原本是高原或构造山，后来受流水、风力等外力侵蚀分割成山地，叫作“侵蚀山”；有的纯粹是某些物质堆积而成的，叫作“堆积山”。关于祖国的名山大川，你都认识吗？

五岳、九山

五岳，是封建时代的帝王加封的五座历史文化名山，分别是东岳泰山、南岳衡山、中岳嵩山、西岳华山、北岳恒山。五岳之外，有九山，分别是会稽山、衡山、华山、沂山、泰山、岳山、医巫闾山、霍山、恒山。

• 东岳泰山

位于山东省中部，属于泰山山脉，在距今1亿多年前的中生代晚期，由太平洋板块向亚欧大陆板块俯冲、挤压的过程中产生。泰山在古代有好几种称呼，如东岳、岱山、

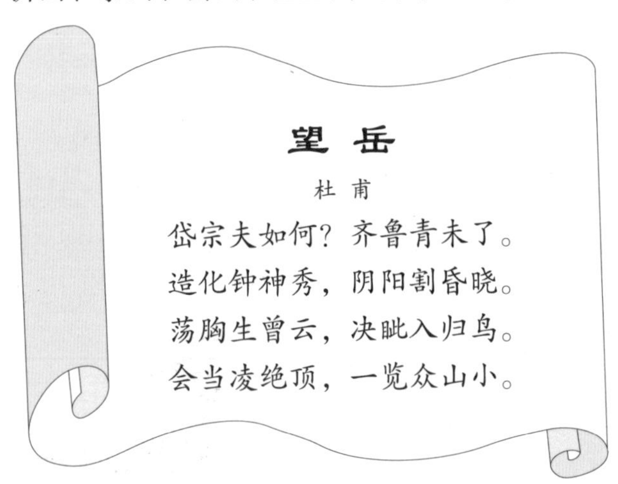

岱宗，春秋时期才开始称作泰山。泰山雄伟壮丽，让人产生敬畏之心。唐代诗人杜甫就在《望岳》中描写泰山的雄伟壮观。

古代帝王祭祀天地，泰山无疑是个好去处。他们在泰山建造祭坛来祭祀天，叫作“封”；在泰山南的梁父山上找地方祭祀，叫作“禅”。在泰山举行封禅的祭祀仪式，成了古代帝王彰显功业的行为，秦始皇、汉武帝等都在这里举行过封禅仪式。

●南岳衡山

位于湖南省衡阳市南岳区和衡山县等地境内，属于衡山山脉，受燕山运动、喜马拉雅山运动的影响，形成老第三纪末期，绵延百余里，为花岗岩断块山，有72座山峰。据说，衡山的山神是火神祝融。祝融是轩辕黄帝的大臣，负责管理南方事务，教导百姓用火。祝融活着的时候就生活在衡山，去世之后也葬在衡山，这也许是古人将他看作衡山山神的缘故。到现在，衡山上的祝融峰还有古人建造的祝融殿。

●中岳嵩山

位于河南省登封市北，属于伏牛山脉，是形成于18亿年前的断块褶皱

山，由太室山、少室山等组成，主峰是峻极峰。相传，武则天做了皇帝之后，为进一步稳固帝位，说她在梦中受玉皇大帝之命到嵩山封岳。之后，武则天带着一群人浩浩荡荡地来到嵩山，在峻极峰建“登封坛”，举行礼祭大典，之后还把嵩山所在的嵩阳县改为登封县。

- 西岳华山

位于陕西省东部，属于秦岭山系，为花岗岩断块山。华山的西峰形似莲花，又叫“莲花峰”。传说，玉皇大帝的外甥女、二郎神的妹妹三圣母，因为爱上凡人而触犯天规，就被二郎神关押在华山之下。三圣母的孩子沉香长大之后，就用手中的开山斧劈开了华山，救出了母亲。到现在，西峰顶上还有一块十余丈长被截成三节的巨石。

华山是极富浪漫色彩的，它缥缈、险峻，吸引许多文人墨客、寻仙求道之人来到这里，或者观赏美景，或者避世于此。相传，唐代著名文学家韩愈，在一个夏天攀登华山。他看到险峻的山势进退两难，害怕得靠着山崖大哭起来，以为自己活不成了，还写了封遗书。

最后还是华阴县县令有办法，他命人搭了好几层木架，哄着韩愈喝了些酒，然后用毛毡裹住醉酒的韩愈，再用绳子把他从半山腰吊下来。华山之险，真是让人望而生畏啊！

• 北岳恒山[1]

相传，舜帝巡狩四方，见这里山势雄伟，于是把这里封为北岳。西汉时期，为了避汉文帝刘恒的讳，恒山就被改成了常山。

相传，春秋时期，晋国上卿赵简子想考察一下几个儿子的能力，就对他们说："我在恒山藏有宝符，先找到的人必有重赏。"赵简子的几个儿子听到之后，就骑上马去常山寻找宝符了，可最后只有赵无恤来跟赵简子说："我找到宝符了。"赵简子就问他："宝符呢？" 赵无恤回答："恒山地势险要，从恒山发兵去攻打代国，代地就可以归我们赵氏所有。"

[1] 北岳恒山：古北岳恒山从春秋战国到明朝中期，一直在河北境内，即河北的大茂山。明末清初被定为山西浑源的天峰岭。此处北岳恒山指的是古北岳恒山，又称常山、大茂山。

赵简子听后哈哈大笑，感觉赵无恤才是真正适合的继承人。看来赵简子说宝符在恒山，其实是希望几个儿子能把恒山和家族的宏图大业联系起来，从长远的角度去思考问题。不得不说，赵简子这心思，真的不好猜呢！

• 会稽山

位于浙江中部的绍兴、嵊州、诸暨、东阳等市县间，属于会稽山脉，是钱塘江支流——浦阳江与曹娥江的分水岭，由流纹岩和凝灰岩组成。相传，夏禹来到茅山大会诸侯，论功封爵，就取“会计”之意，将茅山改名会稽山，夏禹去世之后也葬在了会稽山。

春秋时期，越国被吴国打败，越王勾践退居会稽山卧薪尝胆，积蓄力量之后反攻吴国，才报了仇。到了秦朝，秦始皇还登上会稽山的最高峰祭奠大禹，并从这里眺望他心心念念的南海，所以这里又叫作秦望山。

• 沂山

位于山东省中部，属于泰山山脉，也叫作“东泰山”。传说，黄帝曾登封沂山，舜肇定沂山为重镇。从汉代到清代，沂山的祭祀都没有停止过。沂山有东镇庙、百丈崖瀑布、战国齐长城等众多名胜古迹，因为风景美丽、历史文化悠久，历代名士接踵而至。李白到沂山游览，观赏了百丈崖瀑布之后，还留下了“百丈素崖裂，四山丹壁开”的名句。

• 岳山

位于陕西陇县西南与宝鸡市交界处，属于陇山支脉，是2亿年前岩浆侵入后上升形成的。相传，岳山是吴帝的后裔——太岳部族与吴回部族的发祥地，也是我国最早祭祀吴帝和黄帝的地方。因此，岳山又叫作“吴岳”，或“宝鸡吴山”。宝鸡是周朝、秦朝的发祥地，周朝和秦朝的帝王认为这是吴山护佑的原因，于是将岳山封为西岳。清朝的时候，朝廷每年都会按时派人去祭祀岳山，康熙皇帝还御赐过写有“五峰挺秀”的匾。

• 医巫闾山

位于辽宁省西部、大凌河以东，属于阴山山脉，主峰是望海山。医巫闾山，现在简称闾山，在古代叫无虑山、扶梨山。医巫闾山有四千年的文明史，从虞舜至明清，历朝历代都有对它的封号，帝王还会派遣位高权重的大臣，去祭祀医巫闾山，祈求风调雨顺、国泰民安。辽王朝视医巫闾山为龙兴之地，还在此处建造皇家陵寝，大名鼎鼎的大辽萧太后萧绰死后就葬在医巫闾山的乾陵之中。医巫闾山风景优美、历史文化悠久，是休息览胜、寻幽探奇的好去处。

• 霍山

位于安徽省西部，西北接大别山，东北延伸出两支丘陵，一支在巢湖北并伸至明光市东，一支在巢湖南（称作“北破山”）。霍山与大别山的走向形成强烈的反差，这种反差形成的山势被称作“霍山弧”。最初的时候，这里还不叫“霍山”，因为地貌怪异，被称作“怪石山”。楚汉时期，

战乱不断，著名学者霍龙跟随祖先来到霍山一带，躲避战乱。汉高祖时期，朝廷想请霍龙出来做官，但霍龙无心官场，便婉言谢绝了，只一心讲学，传播文化。后人为了纪念他，才把这里的大山称作“霍山”。

归墟中的五神山

战国时期有这么一个记载，说渤海之中有一条绵延几万里的深沟，这条深沟名叫归墟。四面八方的水都流到归墟之中，但归墟的水面仍旧没有任何变化。归墟之中有五座神山，分别是岱舆（yú）、员峤（qiáo）、方壶（又名方丈）、瀛（yíng）洲、蓬莱。

既然是神山，肯定不普通。据说，这五座山中，奇花异草漫山遍野，飞禽走兽遍地乱跑，金玉珠宝琳琅满目，还有金碧辉煌的宫殿和亭台楼阁，宫殿中还居住着神仙。山中的东西对于神仙来说可能平常，对于人类来说却都是宝贝，比如瀛洲上有神泉，那泉水甘甜，喝一口就能让人长生

不老；员峤上有一个大湖，湖中有一丈高的大鹊，大鹊口中衔着三丈长的谷穗，穗上的谷粒洁白如玉，人吃了一个月都不会饿。

只是，这五座神山并不相连，它们也没有扎根在海底，总是随着海潮四处漂动。山上的神仙对这种“漂泊”的生活感到困苦，他们就把这件事情报告了天帝，希望天帝能帮他们想想办法。于是，天帝下令，让十五只鳌，三只一组驮一座山，稳定在大海之中，这才让五座神山不再漂泊。有一天，龙伯国的人来到归墟钓鱼，不小心把驮着岱舆、员峤的六只鳌给钓走了，失去支柱的岱舆、员峤两座神山就又漂荡了起来。

秦始皇统一全国之后，想着自己好不容易打下一片江山，再过几十年自己去世就享受不到了。于是，为了永享社稷，他让人研究长生不老药，派人出去打听各种秘方、仙术，寻找仙人道士。听说五神山的故事之后，秦始皇派人到处去寻找。

于是，著名的方士徐福就登场了，听说他是鬼谷子先生的关门弟子，博学多才，通晓医学、天文学、航海等方面的知识，在沿海一带民望甚高。秦始皇找到他，说了寻仙求药的要求，徐福告诉秦始皇，五座神山有两座不知漂哪儿去了，但剩下的三座还是有希望找一找的。秦始皇为求得长生不老之药，让徐福带着三千童男童女，浩浩荡荡地去找仙山、求长生不老药。

最后，秦始皇没能长生不老，他派出去的队伍也没有为他找来长生不老药，徐福的队伍甚至都没有再回来，乘船渡海之后就失去了踪影。

昆仑山

昆仑山是中国西部的山脉，西起帕米尔高原东部，属于昆仑山脉，是古老的褶皱山。昆仑山又高又险，黄河从它的南边绕行。昆仑山有雪峰、冰川、火山和温泉，富藏铁、铜、锌、钼、铬、镍和玉石等矿藏。

昆仑山庞大、古老而神秘，它丰富的文化，被誉为“万山之祖”。道教认为，昆仑山是神仙的居所，是一座仙山。据《山海经》记载，昆仑山中有西王母，她人头、豹身、虎牙，蓬发戴胜，身边有两只青鸟跟随侍奉。西王母的瑶池长着许多结有珍珠和美玉的仙树。西王母在道教中的地位极高，道教将她视为正神，与东王公一起，分别掌管男女修仙飞升方面的事务。昆仑山有很多道教建筑，但经过历史变迁，大多毁坏了，现存有玉虚宫、修真洞、西王母瑶池等。

匡庐山

匡庐山就是诗仙李白的诗歌《望庐山瀑布》中的那个“庐山”，位于江西省九江市庐山市境内，山体长约25千米、宽约10千米，呈椭圆形，是典型的地垒式断块山。匡庐山的主峰是汉阳峰，海拔1474米。

匡庐山因周朝匡裕七兄弟在这里隐居而得名。相传，匡裕是周武王时期的世外高人，他们兄弟七个人都精通道术，在山中盖了几间茅庐，过着隐居的生活。后来，兄弟七人领悟天道，飞升成仙，只留下了山中的茅庐。之后，人们便将茅庐所在的大山称为庐山或匡庐山了。

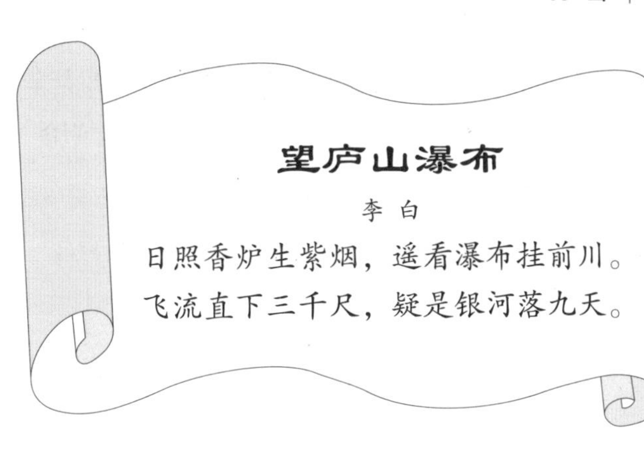

匡庐山的五老峰下有个白鹿洞。南宋时期的理学家、教育家朱熹，曾用一年的时间，彻底改造白鹿洞，修建了很多房屋，之后又向各界征集各类图书，在这里广招生徒，开堂授课。朱熹总结了前人的办学经验，制定出一套符合白鹿洞的教规，白鹿洞书院由此成型。朱熹之所以花那么大的

精力打造白鹿洞书院，是因为他看到当时的社会腐败不堪，认为儒学、理学可以改变这种现象，于是从教育入手，希望能为国家培养更多的人才。

匡庐山为什么能吸引那么多学者到这里来呢？因为它的风景雄奇俊秀，有“匡庐奇秀甲天下”的美誉。山高密林，烟雾朦胧，瀑布飞悬，多么壮观！

武夷山

武夷山在江西、福建两省的交界处，北接仙霞岭，南接九连山，是赣江、闽江的分水岭，海拔在1000—2200米，东北—西南走向，由各类火山岩、花岗岩构成，主峰是黄岗山。传说，彭祖的名字叫作“篯（jiān）”，他是一个非常长寿的人，有两个儿子，长子叫“篯武”，次子叫“篯夷”，他们隐居的山就以两个儿子的名合在一起，命名为武夷山。

早在4000多年前，就有先民在武夷山地区劳动、繁衍，并逐步形成了古闽族文化和闽越族文化，这两种文化绵延2000多年，留下了丰富的历史文化。比如，距今3750余年的架壑船棺遗址，是国内外发现的年代最早的悬棺遗址，考古学家认为武夷山是悬棺葬俗的发祥地，是研究我国先秦历史和已消逝的古闽族文化的珍贵宝地。比如，距今2200多年，占地48万平方米的古汉城遗址，是长江以南保存最完整的一座汉代古城址，在选址、建筑手法和风格上独具一格，是古代南方城市的典型代表，该地区出土了陶器、文字瓦当、铁器、青铜器等珍贵文物，这些都是汉代闽越地区经济文化发展的重要实物资料。

相传道教有三十六洞天，武夷山就是道家的第十六洞天。武夷山有九曲溪、桃源洞、流香涧、卧龙潭、虎啸岩等名胜，有武夷宫、紫阳书院的旧址及历代摩崖题刻，有武夷岩茶、方竹、灵芝等特产，有角怪、金斑喙凤蝶等珍稀动物，是国家级自然保护区，并以文化遗产和自然遗产的双重

身份被列入《世界遗产名录》。

龙虎山

龙虎山位于江西省鹰潭市西南20千米处，平均海拔200米左右，由龙山、虎山两座山组成，是典型的丹霞地貌。这里属于亚热带季风气候区，四季分明，雨量丰沛，光照充足，无霜期长，气候温和，是道教七十二福地之一。

相传，东汉中叶，正一道（道教门派）的创始人张道陵在龙虎山30余年，炼丹创道、编写道书、广招弟子，到这里跟随他学习的有上千人。张道陵的后世子孙，也都居住在龙虎山中，至今已经有1900多年了。因此，龙虎山是道教正一道的发源地，现在遗存的上清宫遗址，看起来仍沉稳有力地矗立在山林之间，散发出悠远、神秘的气息。在鼎盛时期，龙虎山建有80余座道观、36座道院、数个道宫，是名副其实的“道都”。这里现在还保留了许多道教的传统节日，如农历正月十五纪念天官、七月十五纪念地官、十月十五纪念水官的三元节会，龙虎山的道门中人还会组织祭祀活动。

龙虎山崖壁上的悬棺群曾令学界轰动一时。经过专家考证，龙虎山的202座悬棺，距今有2600余年的历史，是古越人的墓葬群。古越人会在悬崖峭壁上开一个洞，人去世之后，就把去世之人的棺椁停放到洞内进行安葬，这是他们的墓葬形式。但人们无法理解的是，在吊装设备不发达的古代，人们是怎么把笨重的棺椁抬到高处安葬的？2006年，龙虎山景区针对这一问题，利用最原始的杠杆原理进行演示，成功把模拟棺椁的物件吊到了预设的洞穴中。但古越人是不是用这个方法就不得而知了。

龙虎山有秀丽的山水，有上清宫遗址，有崖壁上的悬棺群，有岩涧洞穴胜迹，是世界地质公园，是国家自然、文化双遗产地，是全国重点文物保护单位。想象着它秀美的山水，真想去看看。

山不在高，有仙则灵——镇江三山

位于江苏省的镇江，地方不大，名气不小，这里有三座同样不高大、但名气不小的山，它们沿着长江，从上游到下游依次是金山、北固山、焦山。下面让我们一起来看看它们为什么那么有名气吧！

• 金山

如果你一时想不起来它的话，那你知道白娘子水漫金山的故事吗？传说，由白蛇修炼成人的白素贞与人类许仙一见钟情后，结为夫妻。但和尚法海发现此事后，就把许仙带到金山上的金山寺藏了起来。白娘子很生气，带着青蛇化成的妹妹小青，来到金山寺中找法海讨要丈夫许仙。法海

当然不同意了，于是白娘子与他斗法。斗法的过程中，致使水漫金山，无数生灵葬身水患之中。

白娘子因此触犯天条，被关在雷峰塔里，直到她的儿子考中状元，才把她从雷峰塔接出来，一家人自此团聚在了一起。金山原先在长江边上，后来长江往北移了移，两者之间就有了些距离。金山寺的大殿，飞檐翘角；大殿的侧后方有一座佛塔，名为“慈寿塔”，塔高七层；塔的西北角有一天然的石洞，名为“法海洞”。

• 北固山

北固山，这是刘备招亲、周瑜赔了夫人又折兵的地方。

据说，东汉末年，天下主要掌握在三股势力手里，这三股势力的领导人分别是孙权、曹操、刘备。面对兵强马壮的曹操，孙权决定与刘备结盟，并在赤壁之战中打败了曹操。赤壁大战之后，刘备想进一步发展自己的势力范围，可惜他连落脚之地都没有，于是向孙权借荆州来整顿人马。

没想到刘备是个厚脸皮，借了荆州就不打算还了。孙权眼见荆州要又要不回来，打又不好打，于是向都督周瑜问计。周瑜果然献了一个计策：让孙权以妹妹为诱饵，以联姻为由让刘备来京口招亲，实际上是想趁机将刘备扣下来做人质，让他们把荆州还回来。

其实周瑜的计谋早就被刘备的军师诸葛亮看透了，他准备将计就计，派大将赵云陪着刘备到镇江北固山的甘露寺招亲，还给了他们一个锦囊，说是关键时刻打开来看。果然，刘备还没见到新娘，就被扣在了北固山的甘露寺中。赵云急得团团转的时候，想到了那个锦囊。打开锦囊，锦囊中说，让他们找人去见孙权的母亲，把刘备来招亲的事说一说。孙权的母亲知道之后，果然非常高兴，真把自己的女儿嫁给了刘备。

孙权妹妹和刘备结婚之后，知道刘备想离开，于是利用自己的身份帮助他闯过各处关卡，离开了孙权的势力范围。这下周瑜赔了夫人又折兵，还被气得晕倒。

北固山下长江滚滚，历代文人走到这里，都会想起三国时期那段群雄争霸、战火纷飞的历史，还在诗词歌赋中留下了自己的感慨。唐代的诗人王湾，就用准确、精练的语言写了一首《次北固山下》。

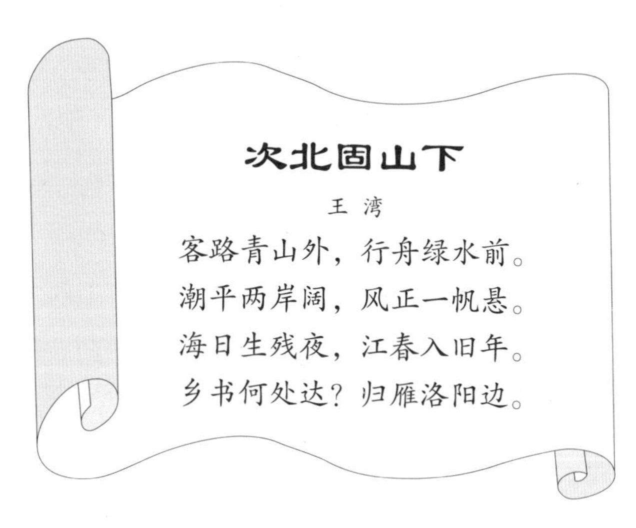

• 焦山

焦山被密林遮盖，树木葱茏，因汉代名士焦光隐居于此而得名。东汉时期焦光来到焦山，盖茅屋，修田园，每日采采草药、念念书，专心修道。此外，他还救济贫苦百姓。皇帝听说他有贤才，下三道诏书，想让他去朝廷做官，但都被他婉拒。

焦山不仅风景美，还有规模宏大的古代建筑。这些建筑以寺庙为主，如定慧寺、自然庵、别峰庵、香林庵、玉峰庵等。除了古代寺庙，很多文人墨客，比如郑板桥、柳亚子、康有为等也都慕名而来，留下他们的足迹。郑板桥在诗中说："静室焦山十五家，家家有竹有篱笆。"想必在当时这里有很多竹子，对爱画竹子的郑板桥来说，这里简直就是风水宝地。焦山还是一座著名的文化名山。焦山上有摩崖石刻，还有江南第一碑林，碑林中的《瘗鹤铭》被人们视作"大字之祖"…… 如果有机会，同学们一定要沿着古代圣贤的步伐，去焦山走一走、看一看！

八公山

八公山位于安徽省寿县东北淮河之南，属于淮河以南的丘陵，是淮河南岸东淝河（瓦埠湖）和窑河（高塘湖）的分水岭。相传，汉代的淮南王刘安曾与八位友人在这里修道、炼丹，这八位友人被人们称作“八公”，他们所在的山就被称作八公山了。刘安和他的八位友人还在这里发明了豆腐，因此人们认为八公山是豆腐的发源地。八公山俯瞰平野，虽然海拔不高，但地势险要，著名的淝水之战就在这里发生。

西晋末年，政治腐败，社会大乱。琅邪王司马睿于公元317年在建康（今江苏南京）称帝，建立东晋，占据了汉水、淮河以南的大部分地区。由北方氐族建立的前秦先后灭掉了前燕、前凉、代等割据政权，统一了北方。南北争夺之战，就这样拉开了序幕。

东晋的征西大将军桓温曾经率领军队，进攻过前秦。前秦的第三代领导人苻坚统一北方后，一方面想继续南征，扩展自己的势力范围；另一方面想报桓温进攻之仇，就率领80余万大军向南进发。

此时，东晋宰相谢安主持朝政，对前秦军的进攻早有防备。他以弟弟谢石为征讨大都督、侄子谢玄为前锋都督，派他们率领8万水陆大军赶到江北，抵抗前秦军队。同时，又派龙骧将军胡彬率领5000水军赶到寿阳（今安徽寿州），抵抗前秦的水军。

胡彬率领东晋水军向寿阳进发，可刚到半路，就听说寿阳已经被苻坚的弟弟苻融率领的前锋部队攻下了，胡彬只能退到硖石（今安徽寿州西北），等候谢安的命令。攻下寿阳之后，前秦军队又攻下了洛涧，这样的话胡彬就遭到了前秦军队的前后夹击，粮草很快就会出问题。更倒霉的是，胡彬派出去送信的人也被前秦军给俘虏了，救援的希望也落空了。

这个时候，苻坚自信地认为，兵少力弱的东晋对上80余万兵强马壮的前秦军，简直就是以卵击石。他就把大部人马留在项城，自己带领8000兵马赶往寿阳。见到苻融之后，苻坚觉得逼迫东晋投降才是上策，于是打算派人去说服他们。但派谁去做说客呢？思考一番之后，觉得朱序以前做过东晋的将领，如果派他去，一定能说服晋军。

没想到，朱序身在曹营心在汉，他非但没有劝东晋投降，还帮助他们出谋划策。谢石原本觉得秦军实力强大，打算坚守不战，想等敌人疲倦之后再找机会反攻，但朱序的到来给了他新的机会。于是，东晋派骁勇善战的刘牢之率领战斗力强悍的北府兵，向洛涧发动突袭，洛涧5万前秦军很快就被击溃。守卫洛涧的前秦将领梁成和梁云兄弟二人战死，前秦军1万多人被杀，“北府兵”大胜。谢石和谢玄则指挥东晋大军乘胜追击，一直追到了淝水东岸。不可一世的苻坚没想到自己会败得那么惨，惊魂未定的他在淝水西岸摆开阵势，并登上寿阳城头，看着对岸的八公山上到处都是晋军的旗帜和士兵，他觉得晋军非常强大，要想打败他们并不容易。

两军就这样在淝水东、西两岸隔河对峙了好几天。谢玄觉得再拖下去对自己不利，思考一番之后想出了一个激将法。他派人给苻融送去一封信，信中说："你们的军队在淝水边摆开阵势，分明是在拖延时间。不如你们后撤一些，让我军渡过淝水，然后我们决一死战，不是更加痛快吗？"

苻坚手下的将领都觉得不能答应晋军的请求，但苻坚却觉得东晋大军渡河渡到一半的时候是个机会，可以趁他们没有防备，在河道中间杀他个措手不及。于是同意了谢玄的要求。

不过，苻坚没有想到的是，在前秦军队后撤的时候，由于将士们士气低落，很快便乱了阵脚，那个身在曹营心在汉的朱序还在前秦军队中大喊："我们的军队被击退了！"前秦的士兵们听了之后，更加慌乱，都拼命地向后奔逃。苻坚在后退的过程中，也顾不上肩膀被射了一箭，一直骑马跑到淮北才停下来。此时，前秦的士兵们气喘吁吁，又惊又怕，听到风声和鹤的叫声，都以为是敌军追上来了。

淝水之战，东晋大胜。这是历史上著名的以少胜多的典型战例，它为

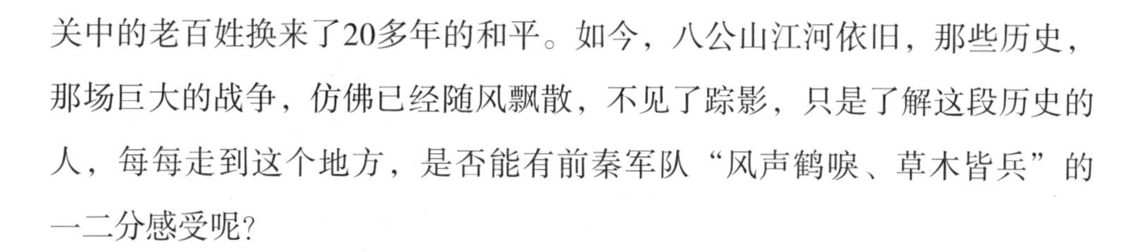

关中的老百姓换来了20多年的和平。如今，八公山江河依旧，那些历史，那场巨大的战争，仿佛已经随风飘散，不见了踪影，只是了解这段历史的人，每每走到这个地方，是否能有前秦军队“风声鹤唳、草木皆兵”的一二分感受呢？

精致浑圆的鸡笼——鸡鸣山

鸡鸣山，位于南京市玄武区，它东连九华山、西接鼓楼岗、北近玄武湖，是紫金山延伸到南京城中的余脉。因为山势浑圆，形似鸡笼，最开始得名鸡笼山。这座山的高度大约100米，在古代是南京的制高点。南朝齐武帝萧赜去钟山打猎的时候，来到鸡笼山，听到了鸡鸣声，就把“鸡笼山”改成了“鸡鸣山”；明初的时候，鸡鸣山上设置了观象台，于是鸡鸣山变成了钦天山；清初的时候，鸡鸣山间的北极阁重建之后，这座山又被称为“北极阁”。

南朝刘宋时期的教育家、佛学家雷次宗，曾在鸡鸣山中开馆讲学，齐高帝萧道成也经常到这里来听他讲解《左氏春秋》。雷次宗在讲学的过程中，把各学科分开来讲，对隋唐专科教育的发展产生了非常直接的影响。

鸡鸣山上有个鸡鸣寺，始建于公元300年（西晋永康元年），一千多年来香火长盛不衰，是南京最古老的皇家寺庙之一，也是南朝时期的佛教中心，有“南朝四百八十寺”之首的美誉。鸡鸣寺最早可以追溯至东吴的栖玄寺，到公元1387年（明洪武二十年）明太祖朱元璋命人重建寺院，并扩大规模之后，才御题的“鸡鸣寺”。此后，鸡鸣寺不断扩建，占地千余亩，殿堂楼阁、房舍屋宇多达30余座。清朝咸丰年间，鸡鸣寺毁于战火，之后再次重修。

最是一年春好处——牛首山

牛首山，位于江苏省南京市江宁区，海拔242米，它有两座形似牛角的

山峰，故名牛首山。晋元帝司马睿，想兴建堪比汉司徒许彧墓前的双阙——两个石雕楼牌，丞相王导心里觉得这是劳民伤财的行为，但又不好直接劝阻，灵机一动，便指着牛首山两座形似牛角的山峰说："这才是天阙啊！"

把牛首山的两座山峰说成天上的石雕楼牌，意思是："老天已经给您准备好了，你就不要再折腾了，这是吉兆。"司马睿看看牛首山之后，果然满意，欣然打消了兴建双阙的念头。从此，牛头山就被称为"天阙"，成为国家权力与威仪的象征。

牛首山自古就是南京的一处墓葬区，山麓就有明朝航海家郑和的墓地。牛首山还是牛头禅宗的发祥地，山南有辟支洞、文殊洞、罗汉泉、弘觉寺塔等名胜古迹，西峰还坐落着一座佛顶宫。公元1130年（南宋建炎四年），岳飞曾在牛首山大破金国皇子完颜宗弼。尽管人们都说"烟花三月下扬州"，但在南京人眼里，三月的时候可以不去扬州，但一定得去一趟牛首山。此时的牛首山，春意融融，鸟语花香，溪水潺潺，游览到此一年颓意顿时消退。

公元1192年3月，杨万里任江东转运副使已满一年，于是决定在寒食日的前一天巡行江东，考察政绩。经过牛首山的时候，他看到此处风景，想到王导称它为“天阙”，想到岳飞被害已经有50年，而他曾在这里大破金人完颜宗弼，心中感慨良多，于是写下了一组诗——《寒食前一日行部过牛首山七首》。

忆往昔，思未来，这或许是古代文人喜欢踏春巡游的原因之一吧！

山灵水秀天台山

天台山，位于浙江省天台县北，它东临东海，是甬江、曹娥江和灵江的分水岭。从空中俯瞰，天台山就像一朵盛开的莲花，花心的位置正好对着天上的三台星[1]，因而得名。

---

[1] 三台星：上台为虚精开德星君，中台为六淳司空星君，下台为曲生司禄星君。在神话传说中为宿星之尊，是和阴阳、理万物的神仙。

天台山整体呈梯形结构，所以有很多飞流悬瀑、绝壑幽洞、奇峰怪石。最著名的瀑布，是石梁瀑布。石梁瀑布在两座山的山腰之间，一块巨石就像屋梁一样横空衔接着这两座山，石梁下有一道瀑布直泻深谷。从山脚的昙花亭看石梁瀑布，就像挂在半空中一样。

天台山是佛教天台宗的发源地，山上还有隋代古刹——国清寺。1200多年前，唐代高僧鉴真和尚东渡日本前，曾拜国清寺住持为师，东渡日本时从国清寺带去了大量的佛教经典。公元804年（唐贞元二十年），日本高僧最澄和尚来国清寺取经，回国后选择了与天台山风光相似的比睿山，模拟国清寺建造了延历寺，来发扬天台宗的教义，因此，日本天台宗将天台山国清寺视为祖庭。最澄和尚回日本的时候，还把天台山的茶叶引种到了日本。

天台山山灵水秀，是活佛济公的禅修地，也是唐代诗僧寒山子的隐居之地，《徐霞客游记》的开篇之地，王羲之书法的悟道之地……素有“十地”的美称，是适合参禅悟道、修身养性的宝地。

仙姿缥缈天姥（mǔ）山

天姥山，位于浙江绍兴新昌县境内，由一片连绵起伏、气势磅礴的群峰组成，它山峦起伏、云雾缭绕，林海苍翠欲滴，是道家七十二福地的第十六福地。主峰为拨云尖，气势磅礴。天姥山有穿岩十九峰、沃洲湖、天姥寺等名胜，尤以穿岩十九峰的风景最让人流连忘返。这里盛产天姥茶，爬山疲累之际，若寻一处禅房，品一杯香茗，简直让人有飘飘欲仙之感。

姥，是年老的妇女的意思。有人认为天姥山是王母娘娘的行宫，故而因此命名。在晋代以前，这里是一片渺无人烟的蛮荒之地，南朝的谢灵运作诗描述这里的秀丽风光后，使天姥山名声大噪。许多文人墨客被天姥山的缥缈仙姿所倾倒，来到这里留下了无数佳作，甚至有“一座天姥山，半部全唐诗”的美誉。

诗仙李白，在游览过天姥山十年之后，于梦中再见天姥山，留下了《梦游天姥吟留别》的千古名篇。从“海客谈瀛洲，烟涛微茫信难求。越

人语天姥，云霞明灭或可睹”到“天姥连天向天横，势拔五岳掩赤城。天台四万八千丈，对此欲倒东南倾”……我们可以感觉到，也许梦中的李白和缥缈的天姥山在精神上实现了高度统一，才能把它磅礴的气势、缥缈的仙姿描绘得如此淋漓尽致。

现在，虽然天姥山已不像过去那般受万人追捧，但那竹林掩映之间残留着的历史痕迹、飘散着的翰墨馨香，仍旧像一杯好茶，令人回味悠长。

长知识了

1 **断块山：** 地壳断裂上升所形成的块状山体。地垒式断块山，边线平直，山坡为陡立的断层崖，如江西庐山；掀斜式断块山，山体不对称，断裂上升一侧为陡立的断层崖，另一侧山坡缓长，如山西恒山。

2 **褶皱山：** 由于地壳运动，岩层受到压力，形成连续弯曲的山。这种褶皱山，通常作平行褶皱轴的线状延伸。大型的褶皱，往往会形成一系列平行排列的山脉，构成褶皱山系。

3 **长白山：** 松花江、鸭绿江和图们江发源地。它是一座休眠状态的巨型复式火山，因为山体大多是由火山喷出岩构成的白色浮岩，故而得名。山顶有天池，是著名的火山口湖。

4 **五台山：** 在山西五台县，五峰耸立，峰顶平坦。山上多佛寺，相传为文殊师利菩萨显灵说法的道场。因夏无炎暑，亦称“清凉山”。

5 **峨眉山：** 在四川峨眉山市西南，属于岷山的余脉。有三座凸起的山峰，其中两座山峰好像女人的两条眉毛，故而得名。传说是普贤菩萨显灵说法的道场。

夜航船驿站

石镜山

钱镠是五代十国时期吴越国的建立者。小的时候，家里比较贫困，他就以打柴为生。有一次在山上看到一块镜子一样的圆石，钱镠就把它当镜子照，竟然看见了一个头戴冠冕的君王。后来钱镠获得战功，衣锦还乡，唐昭宗封此山为衣锦山，钱镠时常在这里宴请老友。唐朝灭亡之后，钱镠受封为吴越王。他照石镜的这座山，就被叫作石镜山，位于浙江临安。

观棋烂柯

相传，晋代有个樵夫，名叫王质。有一天，王质入山砍柴，见到两个小孩在下棋，就放下斧头观看了起来。小孩给王质一个枣核一样的东西，吃了之后能让人感觉不到饥饿。一局棋下完，小孩跟王质说："你的斧柄都腐烂了。"王质回到家中，才发现已经过去一百年了。因此王质砍柴的这座山，就被称作烂柯山，又叫石室山，位于浙江衢州的南边，是道教的"青霞第八洞天"。

尼山

据说，孔子的母亲颜氏曾到这里来祈祷，之后就生下了孔子。颜氏走上这个山谷的时候，花草树木的叶子都会向上翻起，但她从这个山谷下山的时候，花草树木的叶子又都垂了下来。难道那些花草树木也有感于孔子的德行？颜氏上山，它们就仰望着她上山；颜氏下山，它们就目送她下山？尼山东麓有夫子洞，尼山上的孔庙、书院现为全国重点文物保护单位。

凤鸣岐山

周太王把都城建在岐山脚下，因此岐山成为周朝的发源地。周文王时期，有人听到岐山有凤凰的鸣叫声，知道那里栖息着凤凰。人们认为，神鸟凤凰是因为文王的德政才出现的，这是周朝即将兴盛的吉兆。

太行山青泥

相传，三国时期有一个名士，叫作王烈。有一次，王烈独自进太行山，突然听到北边有雷鸣声，于是急忙跑过去看，结果他看到山体裂了几百丈宽，中间有个直径一尺左右的石穴，流出了骨髓一样的青泥。王烈就取了一捧，那青泥像一团融化的蜡一样，散发着米饭一样的香味。他吃了几口，也跟米饭一样香甜。于是往兜里装了一些，拿回去给好友嵇康看，说："我得到了一个神奇的东西。"但嵇康拿出来看的时候，青泥已经凝固，变成了青石块。

雷威制琴

唐代有个著名的古琴制作家，名叫雷威。相传，他制琴的技艺曾受神人指点，他制作琴不一定都用桐木，有时会在风雪交加的天气，穿着蓑笠独自到峨眉山中，听到声音连绵清越的松树，就砍来做琴。这种松木做的琴，品质竟然超过了桐木做的。他做的琴，被称作"雷公琴"，现在的故宫博物院中仍藏有他制作的"九霄环佩琴"。

04 水

水灵秀且滋养万物，化育生灵。古人崇拜山，同样也崇拜水。但他们与水有漫长的磨合期，用了很大的力气、无数代人的努力，才让河水不再四溢，让人们可以安然地生活在这片土地上。他们还会在水域附近建造城池，用江河的阻隔作用来拒险。他们会在悲痛之时，面对滔滔江水长号。古人已离我们远去，但我们可以通过那些河道、水渠、湖泊去了解他们的过往。

禹疏九河

古黄河的河道，跟现在的黄河河道是不一样的。远古时期，古黄河在河南北部孟津县附近，它向东北散开，分流出徒骇河、太史河、马颊河、覆釜河、胡苏河、简河、絜（xié）河、钩盘河、鬲（gé）津河九道河流，最后在天津大港地区汇合，一并注入大海。这九条河，简称“九河”。九是个位数中最大的数，古代往往用“九”来比喻数量众多，九河故道又都在黄河下游。因此，九河也是古代黄河下游那些支流的总称。

大禹所处的时期，黄河泛滥，黄河中下游流经的黄土地有很多泥沙，每当夏秋两季，河水便会在中下游的平原上泛滥。大禹身负治水重任，于是带领众人，跋山涉水，走遍黄河河段，考察山川地理形势，最后决定放弃过去以堵治水的方法，打算采用疏导的方式解决黄河水患问题。

从积石山开始，大禹系统地疏通河渠，该分散的地方让河道分散，然后再汇合成为一条“逆河”，最终把黄河水导入渤海。“逆河”是九河的河口段，会受到渤海的倒灌，“逆河”的名称也由此而来。

古黄河具体是从哪里开始分为九河的呢？按《尚书 · 禹贡》的说法，黄河是到达大陆泽之后才被分为“九河”的。大陆泽就在今天河北省邢台市任泽区、巨鹿县、隆尧县之间，是河北中南部一个面积广大的湖泊，也叫作巨鹿泽、广阿泽。大禹治水成功之后，黄河流域的人们生活得越来越安稳，文明的发展程度也越来越高。

但根据历史记载，黄河经历大的改道就有二十多次。清代地理学家胡渭在总览黄河河道的演变历史之后总结出来三次比较大的改道。第一次黄河改道，是在春秋战国时期，那时候河道淤积，黄河经常决堤，各诸侯国还在各自的领地大量修筑河堤，抵御洪水，这使黄河河道大约向东南方向平移了100千米。王莽时期，黄河河道得不到清理、河堤得不到加固，黄河决口，致使河道继续向东南方向移动了100多千米，并且裹挟着漯水一起流入大海。北宋时期，这时黄河的新河道——横陇河的河道淤塞严重，最终发生决口，使河道进一步向北移动。

五湖

湖是指被陆地围着的大片水域，根据湖水的含盐量，分为淡水湖、咸水湖和盐湖。我国自古就有五湖的说法，一种说法认为，五湖是洞庭湖、青草湖、鄱阳湖、丹阳湖、太湖这五大淡水湖的总称；另一种说法认为，五湖是指五大湖中的第五湖——太湖。第一种说法比较常见，接下来就让我们一起来了解一下五湖！

• 洞庭湖

洞庭湖，在古代也叫云梦、九江、重湖，位于湖南省北部、长江南岸，是中国第二大淡水湖，属于构造陷落湖。

关于洞庭湖有许多有趣的民间故事，据说洞庭湖中有一个名叫君山的小岛，君山上有一座小山峰。相传，一群大鹏鸟从蓬莱仙岛上带了很多珍珠大小的种子，来到了君山上的小山峰。不久，小山峰上就长满了散发酒香的酒香藤。有一个老人用酒香藤为原料，酿了一坛好酒，邀请几个好友来家里一起畅饮。没想到，几个老人喝了这酒之后返老还童。到处找长生不老之法的汉武帝，听到这个消息之后，派人到君山酿了两坛酒，送到了皇宫。汉武帝正打算饮用的时候，却被自己身边的宠臣东方朔夺过酒杯，先喝了下去。汉武帝很生气，就说要杀了东方朔。东方朔却镇定地说："如果你杀了我，说明这酒是假的。如果这酒是真的，就算你要杀也杀不死我。"汉武帝不想打破这杯酒带来的长生不老的希望，只能把这个胆大包天

的东方朔给放了。

东方朔常常用一些诙谐的办法劝诫汉武帝，这一次，他想提醒汉武帝，长生酒背后的故事经不起推敲，还是不要老想着长生不老。

汉武帝有没有在东方朔的暗示下清醒过来我们不知道，但洞庭湖壮丽优美的景色却毋庸置疑，唐代文学家刘禹锡就在《望洞庭》中描写了洞庭湖的夜景。

《望洞庭》这首诗，把洞庭湖湖水与月光交相辉映的景象，通过丰富的想象、巧妙的比喻描绘了出来，使人读完之后，仿佛洞庭湖的月夜景色出现在了眼前。

望洞庭

刘禹锡

湖光秋月两相和，潭面无风镜未磨。
遥望洞庭山水翠，白银盘里一青螺。

青草湖

青草湖，也叫巴丘湖，位于湖南洞庭湖东南部，由湘水汇聚而成。公元549年（南朝梁太清三年），侯景围攻台城，湘州刺史萧誉率援军到青草湖之后在这里驻军。唐宋时期，青草湖北边还有沙洲与洞庭湖相隔，涨水的时候可以和洞庭湖连成一片。所以杜甫在《夜宿青草湖》一诗中的“洞庭犹在目，青草续为名”，就清楚地点明了青草湖和洞庭湖之间的联系。

鄱阳湖

鄱阳湖，古代也叫彭泽，位于江西，属于长江水系，是中国最大的淡水湖。相传，在很早以前，江西是没有大型湖泊的，常常不是大发旱灾，就是发生洪涝灾害。有一个叫彭蠡的人，发誓要挖出一个湖来，为解决这个问题，他每天早早地起来去挖湖，很晚才会回来。可是没挖几天，他发现自己挖好的坑居然被填回去了。他感到奇怪，决定弄个明白，于是在一天夜里偷偷藏在附近的一棵树上观察。没想到，半夜的时候，一条巨大的蜈蚣从云雾中奔来，七手八脚地扒着土，把彭蠡白天挖的坑给填满了。

彭蠡孔武有力、箭法高超，跳出来就搭弓射箭。巨大的蜈蚣中箭之后，不但没有死，反而被激怒了，凶猛地朝彭蠡袭来。双方你追我躲，危急时刻，彭蠡侧身躲到一个山洞之中，才逃过一劫。就在这个时候，出现了一只大公鸡。蜈蚣最怕公鸡，一听到公鸡叫就吓得转身跑。大公鸡对脱险的彭蠡说："我原本是天上的酉星官，因为触犯天条，被贬下凡间，来到这里。我看你立志挖湖，这是利国利民的好事。我会请社神老爷秉奏玉帝，让他允许我协助你挖湖。"

没想到社神老爷并没有替酉星官奏请玉帝，反而带来了玉帝诏酉星官回天庭的旨意。酉星官不能违背玉帝的旨意，只能给彭蠡留下两颗石卵，让他用自己的体温在山洞中孵49天，然后再去开湖。49天之后，两颗石卵孵出了两只金鸡。金鸡帮助彭蠡消灭大蜈蚣的时候，蜈蚣奋力一击，向彭蠡喷了一口毒液。愤怒的金鸡把大蜈蚣打得抱头鼠窜，在地上翻腾出一个大坑来。长江水流到大坑中，汇聚成一个大湖。可惜彭蠡最后中毒身亡，人们为了纪念他，就将这个大湖称作彭蠡泽，后来又被改作鄱阳湖。

丹阳湖

丹阳湖，在古代也叫巨浸、南湖，是淡水湖泊。在过去，丹阳有很多红杨，一眼看过去红彤彤的，故名“丹杨”，因“杨”与“阳”同音，才称作“丹阳湖”。

古丹阳湖原本是江南著名的大泽，大致成湖于两三百万年前，面积比现在五大湖所有湖泊都大，但在春秋前期逐步解体，分化为固城湖和石臼湖。虽然唐代时期丹阳湖还是烟波浩渺、水天相连的泽国，但后来由于泥沙淤积和围垦，湖面日趋缩小。不过，从荷花夏月、莼菜秋风、云边落雁、沙上眠鸥等丹阳八景的美称来看，与其他浩瀚的湖泊相比，丹阳湖的风景仍旧独具一格。

太湖

太湖，古代也叫作“震泽”“笠泽”，位于江苏省南部，邻接浙江省，是长江和钱塘江下游的泥沙堰塞古海湾形成的，属于长江水系，是中国第

三大淡水湖。太湖在无锡的部分叫作“蠡湖”，这里流传着有关范蠡的传说。范蠡是一位颇具传奇色彩的人物。他辅佐越王勾践打败吴国，复国成功；他还擅长经商，弃政从商，成了一个富可敌国的商人，还曾三次散尽家财，又三次发家致富。最重要的是，在功成名就之后，他选择带着西施游览五湖四海、名山大川，蠡湖就是因为他才命名的。

四渎

大禹治水的时候，把长江、黄河、淮河、济水总称为“四渎”。《礼记》中记载“天子祭天下名山大川：五岳视三公，四渎视诸侯。”“四渎”就是这四条河流，可见古人对山水的重视程度。从唐代开始，人们还以淮河为东渎、长江为南渎、黄河为西渎、济水为北渎。

• 长江

中国第一大河、世界第三大河。关于长江的源头，有三种说法，分别是楚玛尔河源头、坨坨河源头、当曲源头。上源沱沱河出青海省西南部唐古拉山脉的各拉丹冬峰，流经青海、西藏、四川、云南、重庆、湖北、湖南、江西、安徽、江苏等省、市、自治区，在上海市入东海。长江有雅砻江、岷江、沱江、嘉陵江、乌江、湘江、汉江、赣江、青弋江和黄浦江等支流。在囊极巴陇后，称“通天河”；南流到玉树市巴塘河口以下至四川省宜宾市间，称“金沙江”；宜宾以下始称长江。宜宾与宜昌段，称“川江”；宜都枝城到城陵矶段，名叫“荆江”；扬州以下，旧称“扬子江”。

• 黄河

素有“九曲黄河”之称，属太平洋水系，是中国的第二长河。黄河给人印象最深的是它的浩荡和浑浊，刘禹锡在诗中说它“九曲黄河万里沙”，意思是万里黄河弯弯曲曲，裹挟着泥沙。但其实，黄河不是从头到尾都浑浊的。黄河上游流经高原峡谷，水流较清，黄河中游穿行黄土高原之后，含沙量增大，水色才变成黄色。黄河下游流入华北平原，水流缓慢，泥沙

淤积，就成了高出地面的“地上河”。黄河、长江孕育了华夏子民，自古就备受瞩目，但黄河的源头到元代才第一次被招讨使都实[1]找到。黄河壮阔豪迈，与李白诗豪浑的气韵自然相合，从《将进酒》中的“君不见黄河之水天上来，奔流到海不复回”就可以看出它的雄壮豪浑。

- 淮河

源出河南省桐柏山，向东流经河南、安徽等省，到江苏省入洪泽湖[2]。上游和中游的分界点为洪河口，上游穿行于山地和丘陵之间，水流湍急，暴涨暴落。中游和下游的分界点是洪泽湖出口的中渡，中游段有峡山、荆山和浮山三个峡口，称“淮河三峡”，河段较弯曲。下游原本有入海河道，南宋绍熙五年（公元1194年）黄河夺淮后，河道淤高，逐渐以入江为主。过去水利失修，灾害严重，现在已进行全面治理。淮河是地理上亚热带湿润区和暖温带半湿润区的分界线，自河南省固始县三河尖以下的干流可以通航。

- 济水

又称济河，源于河南省济源市境内的赞皇山，流入宁晋县，并入泜河，是河南省境内的一条古河流，现已消失。先秦时期，济水包括黄河以北和黄河以南两个部分。黄河以北的部分，源于河南济源市西的王屋山，下游屡经变迁；黄河以南的部分，本为黄河分出的一条支派，因分流处与河北济口隔岸相对，古人便将其视为济水的下游。从唐代到宋代，古人曾在开封市先后导汴水进入济水南部故道，以通漕运，但后来被湮灭。金代之后，黄河以南就不再有所谓的“济水”了。

姜太公钓鱼，愿者上钩——磻（pán）溪

磻溪，源出南山兹谷（在今陕西宝鸡），向北流入渭水。相传，姜太公吕尚曾在这里钓到了一条鱼，鱼肚子里有一块玉石，上面写着：“周受命，吕

[1] 都实：元代旅行家。
[2] 洪泽湖：中国第四大淡水湖。

氏佐。”后来，姜太公果然辅佐周王得到了天下。现在溪边的石头上，还隐隐能看见两膝的痕迹，人们揣测这里就是姜太公曾经钓鱼的地方。

姜太公不仅擅长钓鱼，还“钓”到了一个人。商朝末年，商纣王统治

残暴，寻欢作乐，他怕别人反叛他，于是限制、打压，甚至残害势力强大的部族、诸侯，其中他最不待见的就是姬昌（周文王）了。

纣王刁难他，把他儿子的肉端到他面前，他只能忍痛吃下去，以此迷惑商纣王，让商纣王放松警惕，自己则慢慢积蓄力量，等待复仇的机会。可是双拳难敌四手，自己虽然满腔热血，但没有贤人辅佐的话，没办法撼动商纣王的统治。于是，求贤若渴的姬昌便悄悄搜寻人才，希望找到可以辅佐自己的人。日有所思，夜有所梦，一个晚上，姬昌做了一个梦。梦里，天帝告诉他，有一个白胡子老者会成为他的老师辅佐他。

有一天，姬昌走到渭水的磻溪边上，听到有人唱歌。仔细一听，歌词的内容似乎在说：商朝气数已将尽，新君将来定乾坤。姬昌大感震惊，连忙上前施礼询问。歌者说："这是朋友作的歌曲。"姬昌问："您这位朋友是谁？"歌者说："姜子牙。"

姬昌顺着歌者的指引，来到了渭水河边，果然看到一位白胡子老者正坐在湖边钓鱼。姬昌忙上前施礼："贤人贵姓？"老者笑道："小民姓姜。"姬昌又问："您可是姜子牙？"老人没有回答。

姬昌见老人不回答，虽有不解，但还是与老人攀谈起来。两个人聊着聊着，就聊到了治国之道，姬昌但凡有疑问，白胡子老者都能一一解惑。姬昌高兴地想："这就是我要找的圣人啊！"一低头，竟然发现老者钓鱼的鱼钩是直的，也没有挂鱼饵，就好奇地问："您这样能钓到鱼吗？"

白胡子老者看了姬昌一眼，说："愿者上钩！"

姬昌顿时明白过来，于是弯腰施礼，自报家门。白胡子老者这才说出自己的名字，原来他就是姜子牙。确定姜子牙就是自己要找的圣人，姬昌就拜请姜子牙出山，辅佐自己。姜子牙也不负众望，辅佐姬昌父子打败了商纣王。姬昌的儿子姬发（周武王）最后还建立了周朝。姜子牙作为大功臣，还有了自己的封地——齐国，人们都尊称他为"姜太公"。

到现在，磻溪中央还有一块巨石，高约3米，侧面镌刻着“孕璜遗璞”四个字。这块巨石名叫“钓磺灵矶”，它形若泰斗，顶阔而平，底小而尖，如荷叶承露，相传是姜太公钓鱼的石头幻化而成的。

磨针溪

磨针溪，位于眉州（今四川眉山）象耳山下，这里流传着一个关于李白的故事。

相传，李白小的时候很贪玩，不是很喜欢学习。他的父亲为了让他多学点知识，就把他送到学堂去读书。可是李白看那些经史子集、诸子百家，觉得很无趣，渐渐有了厌学情绪，时常偷偷跑到山下的溪边玩耍。

有一天，他在溪边玩耍，看到一位白发苍苍的老奶奶，手里拿着一根铁棍在一块石头上磨着。李白观察了很久，也不知道老奶奶在做什么，于是开口问：“老奶奶，您在做什么呢？”老奶奶回答：“我在磨针啊！”李白听了惊讶地问道：“这么大的针，磨了能做什么呢？”老奶奶说：“绣花呀！”李白更惊讶了：“这么粗的一根铁杵，要磨成绣花针，那您得磨到什么时候呀？”老奶奶继续磨着针，说：“世上无难事，只怕有心人。磨针虽

然难，但只要我不放弃，总有一天会磨成的。”

李白是个非常聪明的孩子，他听了老奶奶的话后沉思起来。他想到了自己半途而废的学业，于是转身跑回了学堂。从此之后，李白苦读诗书，勤奋学习终成一代诗仙，千百年来，无人能出其右。

濮水

濮水，春秋时期流经卫地，上游、下游各有两条支流，位于河南。从历代的记载来看，上下游各支时通时不通，径流的路线也不尽相同，后来还因为济水干涸、黄河改道，濮水故道就逐渐消失了。明清之际，濮水余流还残存于长垣、东明一带，俗称普河，就在如今安徽的茨河上游。在濮水，流传着一个亡国之音的故事。

相传，商纣王时期，有个乐师名叫师延，专门给商纣王演奏各种好听的音乐。后来，周武王伐纣，商纣王兵败自焚，师延只能向东奔逃，逃到濮水的时候，走投无路便投江自尽了。几百年后，卫灵公率领使团去访问晋国，路过濮水时就住在船上。半夜时分，卫灵公听见水中传来动听的乐曲声，于是就让乐师师涓记录下来。

到了晋国，晋平公热情地招待了卫灵公一行人。卫灵公命师涓演奏曲子，师涓就把在濮水上听到的曲子演奏了出来。晋国有一名乐师名叫师旷，对各种乐曲都非常熟悉。他听着师涓演奏的曲子，觉得不太对劲，就按住师涓的手，让他不要再弹了。晋平公正听到兴头上，看到师旷的行为，觉得他很不礼貌，于是训斥了他。师旷说："音乐的主要作用是传播正能量，教化百姓，我们应该有更高的思想觉悟。如果创作出来的音乐，只是为了享受，这种音乐就是靡靡之音，听了会让人堕落！长此以往，国家也会倒霉！"

也不知道是不是被师旷给说中了，这次卫、晋组织外交活动之后，晋国就发生了三年大旱。美妙的音乐同优秀的诗词一样，可以慰藉人的心灵，人们可以通过它来警醒自身，宣传德化教育，但不能只一味地贪图享乐，否则会对社会产生不良影响。

柳毅井

柳毅井，古时候叫作桔井，说是龙口舌根处，位于岳阳城君山东麓中部的山坳中，井的入口处仅丈许宽，井下深不可测。流传甚广的柳毅传书的故事就发生在这里。

相传，唐高宗时期有一位书生，名叫柳毅，家住在洞庭湖畔。唐高宗仪凤年间，他到京城长安去考试，但没有考中，就整理行囊回家了。回家途中，路过泾阳，柳毅忽然想到这里还有一个自己的同乡，便前去拜见。

他骑着马儿走在泾水边，忽然草丛中的小鸟飞了起来，柳毅的马儿受了惊，一下子奔跑起来，一口气跑了一二十里才停下来。此时的柳毅看看四周，发现自己迷路了。柳毅正打算找条路离开的时候，忽然听到一个女子的哭泣声。他循声望去，看到不远处有一个年轻女子坐在水边的柳树下抽泣。

柳毅是个侠肝义胆的人，慢慢地靠近年轻女子，问道："请问姑娘为何独自一人在此哭泣？"

这位年轻的女子抬起头来，擦了擦脸上的泪珠，见柳毅不像个坏人，就告诉他："我原本是洞庭龙王的小女儿，一年前父王把我许配给泾川龙王的儿子为妻。可我的丈夫只知道玩乐，我一劝他，他就对我又骂又打。我到公婆面前去说理，公婆也总是护着自己的儿子，对我爱搭不理。"龙女边说边悲叹自己命苦，就又流起泪来。

柳毅听了龙女的话，也愤愤不平，他诚恳地对龙女说："小生柳毅，家住洞庭湖边。现在正要回去，不知道能帮你做点什么？"龙女问他，能不

能帮自己带一封信给父王。

柳毅问："不知道这信要怎么转交给龙王？"

龙女立刻告诉他："洞庭湖南岸的湘江入口处，有棵大大的橘子树，当地叫它'社橘'，方圆十里的人没有不知道的。你到那棵大树边，然后面朝南背靠在树干上，解下腰带把自己绑在树上，再用后脑勺轻轻地撞几下树干，就会有人带你去见我父王。"

柳毅拿着龙女的信匆匆离去，不到一个月就回到洞庭湖。按照龙女说的方法去做，果然有蟹将把他带到了洞庭龙王的水晶宫中。柳毅见了龙王，把龙女的事说了一遍，并把信交给了他。龙王十分感激柳毅，送了他很多宝物，然后把他送出了龙宫。

柳毅离开龙宫之后，卖了一些宝物，家境渐渐殷实。后来，柳毅还娶了两次妻，但两任妻子都不幸去世了。于是柳毅打算接下来三年内都不再娶妻，他来到金陵，在那里待了很久，结识了不少朋友。朋友听说他还没有妻室，就托媒人给他说了一位姓卢的姑娘。卢姑娘聪明漂亮、知书达理，柳毅很快就喜欢上了她。等到入洞房，柳毅掀开盖头，仔细一看，越看越觉得新娘像他在泾水边上见过的龙女，妻子这才告诉他自己就是那个龙女。

原来，洞庭龙王知道女儿的处境后，就联合弟弟钱塘龙王打败了泾川龙王，把女儿接了回来。龙女感激柳毅的恩德，就化为人间的女子来到人世，与柳毅成了亲。

长知识了

1 湖的分类： 构造湖、火山湖、冰川湖、海迹湖、河成湖、风成湖、堰塞湖。

2 曲江池： 故址在现在的陕西西安市东南，原本是个天然的池沼，因为池水曲折，故名曲江。秦始皇觉得这里风景秀丽，就让人在这里建造了别宫“宜春宫”。汉武帝觉得这里风景不错，就将曲江池一带划入上林苑。隋朝建造长安城的时候，曲江池被包入外城东南角，于是开渠，引义谷水注入池中，改名芙蓉池。唐朝时期，芙蓉池才改回了曲江之名。唐朝末年，战乱吞没了长安城，曲江池也面目全非，池水干涸，楼阁尽毁，后人便在此开垦种田，往日的繁华景象全然消散。

3 滇池： 又叫作昆明湖、昆明池，为构造陷落湖，位于云南昆明城南。《史记》中记载：滇水的源头宽而末端窄，有的水会倒流，所以叫滇。滇池为云南省第一大湖，为金沙江支流普渡河上源，湖水在西南海口泄出，称“螳螂川”。池中盛产鱼类，长有千叶莲，湖滨有海埂公园、大观楼、西山等胜景。

4 钱塘潮： 钱塘江口呈喇叭形，湾口宽度达100千米，然后向内逐渐变窄，至海宁盐官镇骤缩为3千米，这样的结构致使潮水涌积，使潮波传播受阻，从而形成涌潮。钱塘潮最为著名的是每年农历八月十八日在海宁出现的涌潮，全程80千米，历时约4小时，因此又叫作“海宁潮”，被誉为“天下奇观”。世界许多河口处也有涌潮现象，如巴西的亚马孙河、法国的塞纳尔河等。

夜航船驿站

滟（yàn）滪（yù）堆

又叫“燕窝石”，是瞿塘峡峡口的一块孤石，冬季露出水面，夏季又被淹没在水中。当地人说它“滟滪大如象，瞿塘不可上；滟滪大如马，瞿塘不可下”，就叫它滟滪堆，会用它来衡量水势。它所处的位置，自古就是一个险滩。相传，六朝时期的庾子舆，护送父亲的棺木回巴东的时候，路过瞿塘峡，眼见这里水势汹涌，很可能无法继续运送父亲的棺木，悲痛地号哭起来。没想到，他的悲伤感天动地，瞿塘峡汹涌的潮水竟然平静下来，载着棺木的船只因此安然渡过。1958年整治航道，滟滪堆因为有碍航运，于1959年冬被炸除。

大瀼（ráng）水

如今奉节县东的梅溪河。相传，郡中有个人，名叫龙澄。有一天，龙澄在大瀼水中捡到一个石盒，石盒里有五枚玉石印章，印章上的字并不是当下通行的字体，盒子边上也有神人守护。神人告诉他：“这是上天的宝物，从前赐给大禹助他治水，水患平息之后就藏于名山大川了。你赶紧把它放回去吧！”龙澄听了之后，把石盒放回原来的地方，后来他参加科举考试高中。

神农涧

神农氏原本是三皇之一，他看到鸟儿衔种，由此发现五谷，开启了先祖的农业之路，因此大家都称他为神农。他看到人们得了病却没有药，于是尝遍百草，发现了很多药材。有一次，神农到温县一个山谷采药的时候，用手杖在地上一画，山间就出现了一条水沟，这条水沟就被人们称作神农涧。

鸣犊河

孔子打算到晋国去，听说晋国的赵简子杀了鸣犊和窦犨两个贤人。孔子正准备渡河，听到这个消息，不禁对着河水悲叹道：“浩浩荡荡的流水真的很美，可是我不想过去了。”这条河就被称作鸣犊河，它属于古黄河的一支，古河道南出今天的山东高唐县南、北由河北的景县流入黄河下游故道之一的屯氏河。